烘焙初心者的
天然酵母麵包

池田愛實

U0056520

瑞昇文化

前言

只要一頭栽入做麵包的世界，每個人應該都會出現一次「想嘗試培養自製天然酵母來烤麵包」這樣的想法吧？這個契機或許是出自於好奇心、對味道的追求之心，亦或是想讓家人吃到從零開始製作的手作麵包這種心情。

自製天然酵母雖然有對身體好的印象，但其實不論市售的商業酵母或自製天然酵母都是「酵母菌」。並沒有哪一個對身體比較好‧不好的差別。

那麼為什麼要特地花時間來培養天然酵母呢？這個答案只要吃過應該就會知道。用自製天然酵母做出的麵包，外皮香濃，內部濕潤、彈牙，可以感受到商業酵母無法做出的豐富風味。所以我非常想讓讀者們實際體驗一下這種特別的美味。

我家的冰箱中不論是商業酵母或自製天然酵母都有庫存，我會想像當時想吃的麵包而選擇其中之一。例如我喜歡用自製天然酵母做貝果或鄉村麵包，在製作商業酵母麵包時想增加味道的深度，或想讓麵包變得濕潤時，有時候就會和自製天然酵母一起使用。這就是自己做麵包的樂趣所在，只要學會使用自製天然酵母，能做的麵包範圍就會一下子變大。而且沒有什麼是比自己從酵母開始花時間製作，最後變成好幾倍大的麵包，更令人感到喜愛。

本書中我盡可能詳細地介紹了我一路以來經營自製天然酵母教室時，聽到學生們的煩惱，一起思考並解決了的問題重點。由於麵包成敗是由菌種，也就是微生物的活動而定，而酵母菌不會完全照我們的想法來活動，所以我盡量留意用不容易失敗的方法，並設定在家庭中可以輕鬆製作的份量。

雖然剛開始可能會覺得很困難，但熟悉之後就能將酵母自然地融入每天的生活當中。因為酵母要緩慢地發酵，所以不用急著製作也是自製天然酵母面的優點。只要放入冰箱就能稍微延緩酵母的發酵時間，最佳使用時間的長度也比商業酵母更長，所以如果本身不是急性子的人，很多人都覺得這種方式適合自己。

另外，本書中也會介紹用剩下的自製天然酵母可以輕鬆製作的點心。敬請享受和自製天然酵母共度的生活。

池田愛實

contents

本書製作的酵母麵包與點心

PART 1
用葡萄乾天然酵母做小麵包

圓麵包

基礎圓麵包

18

加一點變化

白糖
奶油麵包

21

香草
白麵包

22

英式
馬芬

23

麵包捲

基礎麵包捲

24

荳蔻捲

28

肉桂捲

30

甜甜圈

31

農家麵包

基礎農家麵包

32

檸檬皮屑
農家麵包

36

抹茶
螺旋麵包棒

37

披薩麵包

38

PART 2

用葡萄乾天然酵母做點心

※1大匙＝15ml、1小匙＝5ml。
※本書烤箱使用電子烤箱。若使用瓦斯烤箱則建議調低20℃來烘烤麵包。但溫度與烤焙時間僅供參考。因烤箱熱源與機種不同而有些許差異，所以請一邊觀察烤箱情況一邊進行增減。
※烤箱的發酵功能操作依機種不同而有所差異。請確認產品說明書。

什麼是自製天然酵母？

麵包自古以來就是人類依賴的發酵食品。據說在西元前3800年左右麵包的歷史就已經展開了。

使用於麵包發酵的是叫做「酵母」的菌種。各位熟悉的市售商業酵母則是集結發酵力強的純種酵母菌後商品化而成，但其實酵母潛藏在穀物、水果和空氣等各個地方，只要為它創造適合的環境，就算在自家中也可以培養。

在本書中使用特別容易培養酵母的葡萄乾來製作自製天然酵母。材料只有葡萄乾、水和砂糖。非常簡單。只要將這些材料放入瓶中並放置在酵母菌喜愛的環境下，就不會增生其他的菌種或雜菌，而是讓麵包發酵必須用到的菌種（酵母菌、乳酸菌等）開始繁殖。

酵母菌容易繁殖的環境
①25～35℃的溫度區間
②糖分（水果的果糖或砂糖）
③弱酸性的水

像這樣花費5～10天製成的自製天然葡萄乾酵母的液種，會啵啵地冒泡（酵母菌的運動），並散發微酸的發酵香氣（乳酸菌的作用）。試吃後嘗得到香甜水果味，就像貴腐甜白酒一樣的味道。

雖然用這種液種烤麵包也可以，但為了讓發酵力更穩定、烤麵包不失敗，本書中會添加麵粉（高筋麵粉或黑麥麵粉）與水來製作「原種」，並將此用於麵包製作中。

自製天然酵母的原種和商業酵母有不同的特徵。首先，因為天然酵母的發酵力比商業酵母弱，所以做麵包時需要花時間在發酵步驟上。食譜的基本發酵時間最短也要花上5個小時。因為花了許多時間進行發酵，所以其優點在於麵包不會變乾並保持濕潤，同時也能引導出麵粉的美味。

另外由於葡萄乾酵母集結了葡萄乾的風味與甜味，所以麵包的外皮香甜，為整個麵包帶來了多層次的風味。

再加上酵母中含有的各式菌種中，也包含了一種叫做醋酸菌的菌種，有讓麵包不易腐敗的作用。

來做葡萄乾天然酵母吧1【液種】

在製作自製天然酵母麵包前必須要做的一件事就是製作葡萄乾酵母。
首先在第一階段製作液種,
第二階段就將液種當作基底製作原種後即完成。
製作液種在本書中稱為「酵母起種」,是自製天然酵母的首要任務。

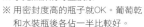 ~酵母的起種方式

【要準備的物品】

空瓶（容量約450ml的空瓶）
※ 事先煮沸消毒並放涼。
※ 用密封度高的瓶子就OK。葡萄乾
　和水裝瓶後各佔一半比較好。

葡萄乾
（無油的葡萄乾）　120g

水　240g

砂糖（素焚糖參照p.16。或用上白糖）
1小匙
※ 沒有砂糖也可以,但加砂糖之後酵母
　會變得更有活力、更容易發酵。

【第1天】

在瓶中加入葡萄乾和水且看起來各佔一半容量,維持裝滿瓶身8成以上的狀態。加入砂糖攪拌至溶解後,蓋上蓋子。

【第2天】

從第2天開始每天打開1次瓶蓋並輕搖,讓酵母裡面充滿氧氣。

第 6 天

【第 3～4 天】

開始冒泡。
氣溫低時酵母生長也會變慢，所以就算沒有冒泡也要觀察幾天的狀況。請不要忘了開蓋搖晃瓶身。

【第 5～7 天】完成

第 7 天

開蓋後會發出啵！的聲音，並冒出大量氣泡。當瓶底堆積沉澱物（酵母沉澱）、氣泡比高峰期少且穩定時，就是液種完成的參考狀態。氣泡達頂峰後再置於室溫下1天讓酵母穩定下來。

酵母沉澱的狀態

【第 8 天～以後】

接著放在冰箱休息1晚即完成液種（酵母液）。放入冰箱後就不需要開瓶蓋供應氧氣。可以在冰箱中保存1～2個月左右。另外下次要起種時，只要加入1小匙酵母液當作初種就可以讓酵母變得更容易起種。

來做葡萄乾天然酵母吧2【原種】

雖然也可以直接使用液種，但因為液種的發酵力弱，
為了培養更穩定的酵母，就須餵食以強化酵母。
這種作法叫做餵養酵母，重複進行3次餵養後葡萄乾的香氣會變淡，
但發酵力變得相當穩定。如此得到的酵母種就是「原種」。

製作原種 ～自製天然酵母的餵養方式

【要準備的物品】

第1次……液種　50g　　※充分攪拌底部酵母沉澱後使用。
　　　　　黑麥麵粉或全麥麵粉（細磨）　50g

第2次……水　40g
　　　　　高筋麵粉　40g

第3次……水　40g
　　　　　高筋麵粉　40g

【第 1 次餵養】

在洗淨晾乾的保存容器中，加入液種和黑麥麵粉後，用刮刀攪拌均勻（不需搓揉），在室溫下放置大概12～24個小時直到酵母種變成約2倍大小為止。接著放在冰箱中休息6個小時以上。

【第 2 次餵養】

在保存容器中補入水和高筋麵粉後，用刮刀攪拌均勻（不需要搓揉）。在室溫下放置大概8～12個小時直到酵母原種變成約2倍大小為止。接著放在冰箱中休息6個小時以上。

【第 3 次餵養】

像第2次餵養一樣在保存容器中補入水和高筋麵粉後，用刮刀攪拌均勻（不需搓揉）。在室溫下放置大概2～4個小時直到酵母原種變成約2倍大小為止。接著放在冰箱中休息6個小時以上。

完成

到這裡酵母原種即完成。這就是可以馬上動手做麵包的狀態。將剩餘的原種放在冰箱中保存。但3～4天必須餵養1次水和麵粉（相同份量），否則酵母就會逐漸失去活性並死去。

【後續的餵養】

只要補足使用量的水和麵粉就能維持原種的量。

例：如果想要用60g原種，就在前一天加30g的水和30g的麵粉。放置於室溫下1～2個小時讓酵母原種增加體積，直到從表面・側面看得到氣泡後就放回冰箱。

＊在做麵包的前一天餵養酵母的話，會讓發酵力變強。

＊開始聞到酸臭味或變色的話，就請丟棄酵母原種，從液種開始培養新的酵母。

製作天然酵母Q&A

因為自製天然酵母會由「菌」的活動來影響成果，所以未必每次都能照預期進行。
「為什麼原種無法順利膨脹？」「原種變得沒有活力了」
以下介紹在製作葡萄乾酵母時，對於以上這類疑問的解答
和問題的原因等需要先知道的事。

Q 為什麼液種
無法起種？

A 請換一下所使用的瓶子或葡萄乾的種類吧。當瓶子的密封度低時，發酵產生的二氧化碳會漏出，因此變得難以判斷是否正在發酵。有時候使用有機葡萄乾無法讓酵母起種（本書中使用蘇丹娜葡萄乾）。另外，超過20℃（25～30℃）的發酵環境最佳。太冷的話就無法發酵、或花費很多時間發酵，太熱的話則有發霉或冒出強烈酸味的風險，所以也要留意室溫。

Q 液種不小心
發霉了。

A 瓶子一定要連瓶蓋一起煮沸消毒後才能使用。另外，因為霉菌屬於需氧性生物，所以要是瓶蓋關不緊或密封度低、水和葡萄乾佔瓶子容量太少、跑入大量空氣等，就會變得容易發霉。還有夏天室溫在35℃左右的情況也需要注意。

Q 原種不會膨脹。
是什麼原因呢？

A 如果將石臼研磨等粗粒全麥麵粉或黑麥麵粉使用於原種，有時酵母會分離而使原種無法順利膨脹，所以建議用細磨麵粉。另外，因為液種的酵母菌有堆積於瓶底的特性，所以將底部的酵母沉澱攪拌均勻後再來使用原種相當重要。如果這樣做還是無法膨脹時，就可以判定液種有問題，所以請再次挑戰看看。

Q 原種沒有活性時
該怎麼做比較好？

A 同時加入商業酵母來做麵包也可以。用自製天然酵母讓麵包產生風味，並且可以用商業酵母來補足發酵力，所以麵包店也經常採用這種製作方法。由於商業酵母的發酵力很強，就算只加入一小撮也會有效果。另外要是添加大量麵粉後使原種變硬的話，有時候加入商業酵母就能讓發酵力復活，可以試試看。但是如果製作原種後放超過1個月以上的話，從液種開始重新發酵一個新的高活性酵母，才比較能輕鬆烤出麵包。

Q 沒辦法頻繁地
3～4天餵養1次原種。

A 因為酵母會在水分之中活躍地活動，所以先添加大量麵粉讓原種變硬的話，就能延長保存。這是建議在不常烤麵包或去旅行的時候使用的方法。要使用原種時，在之前的續養酵母階段加入較多水分稀釋酵母原種，或是在加入麵包麵團時多加一些水分來調整。

Q 原種到什麼樣的狀態就已經
不能再用了呢？

A 當原種的表面浮現水分且呈現分離狀、變得有點鬆弛的時候，如果添加大量麵粉，讓酵母回到和有活性的狀態時一樣的硬度，還能使用的可能性很高。請觀察看看續養酵母之後體積是否增加，或觀察在酵母表面和側面是否冒出發酵氣泡。經過1個禮拜以上都無法續養成功，或者像照片一樣變成灰色、有奇怪的臭味時建議丟棄比較好。

Q 是因為
酵母麵包
才會變酸嗎？

A 少量試吃看看液種和原種，如果有酸味麵包成品也大多帶有酸味。其原因在於室溫太高，或將酵母置於室溫下太長時間，就會讓酵母增生醋酸菌而醋化。另外，在高溫下進行過長時間的基本發酵和最終發酵時，常常會讓麵團產生酸味，所以請注意讓麵團發酵溫度保持在35℃以下。

製作天然酵母麵包的順序

在調理盆中按照順序加入酵母原種、水分（需要調節溫度），用打蛋器和勻，再按照順序加入麵粉、砂糖和鹽。

測量

1

※將調理盆放在磅秤上，按照順序加入材料，就能減少待洗的器具。

混合材料，待麵團成團後移動到矽膠墊上，用手搓揉。一開始先搓揉麵團1分鐘左右，接著使用手腕的力量（譯註：像棒球投球的姿勢），將麵團摔打在墊子並搓揉。

做圓麵包、麵包捲、貝果時

2

搓揉・攪拌

做農家麵包、小鄉村麵包時

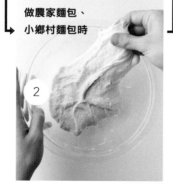

2

充分攪拌材料直到沒有殘留乾粉後，蓋上保鮮膜並讓麵團休息，每隔20分鐘將麵團排氣3次（參照p.33），以強化麵團的麵筋。

讓麵團在室溫下膨脹到2.5～3倍大小。參考發酵時間如下：春天・秋天（20～25℃）時5～10個小時；夏天（約30℃）時4～8個小時；冬天（約15℃）時8～12個小時。

基本發酵

3

※麵團膨脹到1.5倍大時也可以放入冰箱的蔬果室中，讓麵團在低溫下緩慢發酵。能保存2天。

輕柔地將麵團從保存容器中取出，用刮板分割。切出小麵團後，在滾圓時將麵團收到內部並從周圍集中到中心處，繃緊麵團使表面平整。用手指捏緊收口。

分割・滾圓

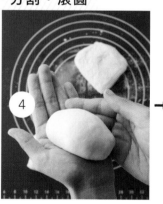

4

完成葡萄乾酵母後，終於可以開始做天然酵母麵包。因為做麵包的每一個步驟都會影響成品好壞，
所以最好事先掌握順序和重點。本頁介紹製作天然酵母麵包的大致流程。

將麵團收口朝下放置，蓋上餐巾讓麵團休息。藉由讓麵團休息這個步驟來鬆弛麵筋，之後會變得更容易整型。

配合不同的方式（按照各個食譜）來整型麵包。將收口朝下放在鋪好烘焙紙的烤盤上。或者放在發酵布上用布隔開（參照p.34）以維持麵團形狀。

使用烤箱的發酵功能或在室溫下進行發酵。麵團變大一圈即可。不只注意時間，同時也要確認外觀。在室溫下發酵時要調整時間，氣溫高的日子提早結束發酵，氣溫低的日子則要放置較長時間。

使用電子烤箱時，至少提前20分鐘開始預熱（做農家麵包和小鄉村麵包時的兩片烤盤也要放入預熱）。麵包完工後放入烤箱中烤焙。烤好之後移動到網架上散熱。

靜置鬆弛

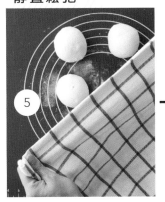

整型

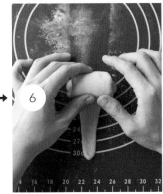

最後發酵

烤焙

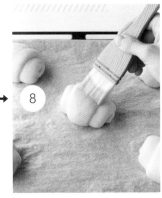

本書中使用的基本材料與工具

因為是精心培養酵母後製作的麵包，所以也想用自己覺得好吃的材料。
測量、攪拌、搓揉、延展……等，想在做麵包時先準備好必要的工具。
本頁介紹我愛用的材料與工具。

基本材料

麵粉類

因為麵包是吃麵粉本身的味道，所以粉的選擇很重要。我選用不太需要擔心農藥的日本國產麵粉。軟麵包用高筋麵粉「春豐合舞」，硬式麵包則用硬麵包專用的中高筋麵粉「歐式麵包專用粉（TYPE ER）」，其他還常備了像低筋麵粉、石臼研磨的全麥麵粉、細磨的黑麥麵粉。100％杏仁的杏仁粉則用於馬芬或紅蘿蔔蛋糕等烤箱甜點中。

砂糖

基本上我使用富含礦物質又帶有溫和甜味的素焚糖（すだきとう），也可以用其他砂糖取代。另外，當我不想讓麵包顏色太深時會用上白糖。爆米糖（ポップシュガー）則用於裝飾。

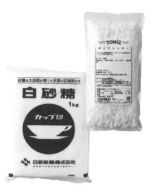

油脂

油脂部分我選用口感輕爽的米糠油，奶油則選用我覺得好吃的、不含食鹽的品牌。

香草與香料

羅勒等乾燥香草、肉桂等粉狀香料，可以加深味道與香氣的層次。

堅果與水果乾

椰子細粉、杏仁、核桃等堅果，蔓越莓、葡萄乾、檸檬皮屑等果乾，都是能讓麵包和點心變得更美味的食材。用於突出味道與口感。

測量

製作麵包或點心首先最重要的是測量。盡量要選可以更精準測量標示至1mg單位的磅秤。測量水分的溫度需要用到烘焙溫度計。量杯則用能測量到200ml（日制1杯）的就OK。

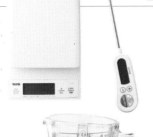

攪拌、搓揉

攪拌或搓揉麵團時需要調理盆、打蛋器和刮刀。打蛋器選用打發處較大又好握的。本書中也會將刮刀使用於揉麵團，所以前端的部分要選有彈力且偏硬的刮刀。

滾圓、分割

有揉麵板的話最好，不過用矽膠墊也很方便。只要攤開放在操作空間上就能在想用的地方使用，矽膠墊會吸附在餐桌或操作台上不容易移動，也可以折疊後縮小收納。刮板的用途則像是分割麵團或將麵團和容器分離，是在某些地方能派上用場的必需品。

讓麵團發酵

使用保存容器讓麵團進行基本發酵時。建議使用容量750ml的透明容器。另外，想讓柔軟麵團維持形狀，同時進行最後發酵時則使用發酵布。

裝飾

灑手粉時使用濾茶網。比起用手灑更加均勻漂亮。劃麵包割紋時使用麵包割紋刀。麵包割紋是指在烤麵包之前在麵團表面劃出割紋。可以讓麵團均勻地膨脹，或讓麵包熟度與外觀更好。

烘烤

烘焙紙用於鋪在烤盤上或鋪在點心模具裡。噴霧器則是在烤小鄉村麵包或農家麵包等硬式麵包，噴水在麵團上方的空間或烤箱內部時使用。能讓剛出爐的麵包表面酥脆，也有防止麵團烤出硬殼的效果。最好用可以噴出細緻水霧的噴霧器。也可以使用園藝用噴霧器。

PART 1

用葡萄乾天然酵母做小麵包

圓麵包

在進行基本發酵時讓麵團穩定膨脹到3倍大，
即使用自製天然酵母也能做出柔軟的麵包。
比起用商業酵母製作的口感更加濕潤、彈牙。

【基礎圓麵包】

可以納入掌心中的可愛小餐包。嗯地膨脹起來的白麵包，柔軟又濕潤。
其重點在於用偏低的溫度讓成品不要烤得太焦。

材料／4個份

高筋麵粉（春豐合舞） 160g
鹽 3g
砂糖（素焚糖） 14g
酵母原種 55g
牛奶 50g
水 45g
奶油（不含食鹽） 10g

準備

· 先調整好牛奶和水的溫度。麵粉以室溫保存為前提，
　參考溫度如下：春天和秋天是20℃、夏天冰在冰箱
　中降溫、冬天則是30℃。
· 要開始揉麵團時，先將奶油從冰箱中取出置於室溫。

搓揉

1

將調理盆放到磅秤上，測量並
加入酵母原種、牛奶、水後，
用打蛋器和勻。即使沒有完全
拌勻也OK。

↓

測量牛奶和水的溫度，調整溫度後再
加入。

2

測量並加入高筋麵粉、鹽、砂
糖，用刮刀攪拌至麵團成團。

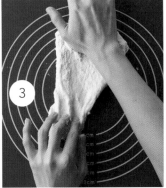

3

移動到矽膠墊上，用手掌在揉
麵墊上像搓洗衣服一樣地搓揉
麵團約1分鐘。

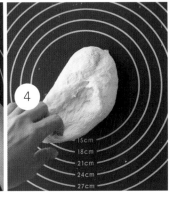

4

一邊微調麵團方向，一邊用摔
打在矽膠墊上的方式揉麵團15
分鐘左右。

↓

形成麵筋薄膜（用手指撐開麵團後，
可以看到對面的薄膜狀態）就OK。

用刮板將麵團切成4等分，重疊麵團之後再次搓揉會更容易吸收。

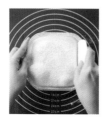

在麵團上灑手粉（高筋麵粉。份量外），用刮板讓麵團四角與容器分離後，再將整個保存容器上下顛倒，輕柔地取出麵團。

↑

5

放上奶油並用麵團包起，搓揉麵團直到奶油完全吸收。

基本發酵

6

將麵團滾圓後放入保存容器，用手指將麵團弄平整，在容器側面用紙膠帶做記號，就能知道麵團大小變化。蓋上蓋子放在室溫下進行基本發酵。

分割・滾圓

7

取出麵團後，用刮板分割成4塊麵團，將麵團的表面往下捲，撐起麵團並滾圓後，將收口朝下放置。

靜置鬆弛

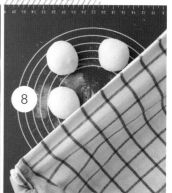

8

在麵團上蓋上餐巾，讓麵團休息約15分鐘。

↓

當麵團膨脹到約3倍大時結束基本發酵。室溫20～25℃下的參考時間為6～9個小時。或是可以在麵團膨脹到1.5倍大時，放進冰箱的蔬果室中讓麵團緩慢發酵。可以保存2天。回復室溫後再分割麵團。

白糖奶油麵包

在**圓麵包作法步驟12**的麵團表面上灑好手粉後，用麵包割紋刀或菜刀劃出割紋（切口），將5g奶油（含鹽）切成細長狀分開放在每份麵團上，灑適量的上白糖，用同樣的方式烘烤出爐。在麵包割紋上放奶油的話，麵團會因為油分變得不黏，使割紋更容易裂開。

加入 一點變化

整型

將麵團重新滾圓成緊繃的圓球狀，用手指輕輕出力將收口捏緊固定。

將麵團收口朝下放到鋪好烘焙紙的烤盤上。

最後發酵

使用烤箱的發酵功能讓麵團在35℃下進行最後發酵約60分鐘，直到麵團變大一圈為止。

↓

將烤箱預熱至170℃。

烤焙

在麵團表面灑手粉，用170℃烤約15分鐘，烤到表面呈現白色，但背面上色的程度。

材料／4個份
基礎圓麵包麵團（參照p.19） 所有份量
綜合香草（乾燥） 1.5g

準備
・先調整好牛奶和水的溫度。麵粉以室溫保
存為前提，參考溫度如下：春天和秋天是
20℃、夏天冰在冰箱中降溫、冬天則是
30℃。
・要開始揉麵團時，先將奶油從冰箱中取出置
於室溫。

搓揉
1 將調理盆放到磅秤上，測量並加入酵母原
種、牛奶、水後，用打蛋器和勻，再測量並加
入高筋麵粉、鹽、砂糖、綜合香草（圖a），用
刮刀攪拌至麵團成團。參照p.19～20的作法步
驟3～5來揉麵團。

基本發酵
2 將麵團放入保存容器中進行基本發酵，直
到麵團膨脹到約3倍大為止。室溫20～25℃下
的參考時間為6～9個小時。

分割・滾圓
3 取出麵團後，用刮板分割成4塊麵團，將麵
團的表面往下捲，並將麵團收口朝下滾圓。

靜置鬆弛
4 在麵團上蓋上餐巾，讓麵團休息約15分
鐘。

整型
5 將麵團重新滾圓，在表面灑手粉（高筋麵
粉。份量外），用偏細的擀麵棍放在麵團的正
中央滾動並下壓約2cm，使麵團凹陷（圖b）。
將麵團放在鋪好烘焙紙的烤盤上。

最後發酵
6 使用烤箱的發酵功能讓麵團在35℃下進行
最後發酵約60分鐘，直到麵團變大一圈為止。

烤焙
7 在麵團表面灑手粉，用預熱至170℃的烤箱
烤約15分鐘。

香草白麵包
在基礎圓麵包中添加了乾燥香草，
是一款非常適合隨餐享用的麵包。
用擀麵棍在切斷麵團之前使其凹陷，
就會留下明顯的山型。

a

b

英式馬芬

只要用平底鍋煎麵團表面自然就會變得平整，不使用無底烤模也能整型。
將馬芬切一半後放上奶油和果醬，也可以加入配料做成三明治。

材料／5個份
基礎圓麵包麵團（參照p.19） 所有份量
粗粒玉米粉 適量

準備
・先調整好牛奶和水的溫度。麵粉以室溫保存為
　前提，參考溫度如下：春天和秋天是20℃、夏
　天冰在冰箱中降溫、冬天則是30℃。
・要開始揉麵團時，先將奶油從冰箱中取出置於
　室溫。

搓揉
1　參照p.19～20的作法步驟1～5來揉麵團。

基本發酵
2　將麵團放入保存容器中進行基本發酵，直
到麵團膨脹到約3倍大為止。室溫20～25℃下
的參考時間為6～9個小時。

分割・滾圓
3　取出麵團後，用刮板分割成5塊麵團，將麵
團的表面往下捲，並將麵團收口朝下滾圓。

靜置鬆弛
4　在麵團上蓋上餐巾，讓麵團休息約15分鐘。

整型
5　將麵團重新滾圓，在整體麵團上噴水，將
麵團放入裝了粗粒玉米粉的調理盤中沾滿玉米
粉（圖a）。將麵團放在鋪好烘焙紙的烤盤上。

最後發酵
6　使用烤箱的發酵功能讓麵團在35℃下進行
最後發酵約60分鐘，直到麵團變大一圈為止。

用平底鍋煎
7　不需倒油進鍋中，將麵團放上平底鍋，用
中火緩慢將兩面煎到上色熟透（圖b）。

麵包捲

用加了雞蛋的點心麵包麵團製作，是一款滋味豐富的小麵包。
在配方中加入低筋麵粉，突出了麵包的輕盈與嚼勁。
可以加點變化做成肉桂捲，或油炸過後就變成甜甜圈。

【 基礎麵包捲 】

麵包捲的整型重點在於延展麵團的方式。不讓淚滴形狀的底邊太長，
並且不要捲得太緊，就能做出圓滾又可愛的造型。

材料／5個份

高筋麵粉（春豐合舞） 140g
低筋麵粉　20g
鹽　3g
砂糖（素焚糖）　20g

酵母原種　55g
全蛋　25g
牛奶　25g
水　30g
奶油（不含食鹽）　16g
裝飾用蛋液　適量

準備

・先調整好牛奶和水的溫度。麵粉以室溫保存為前提，
　參考溫度如下：春天和秋天是20℃、夏天冰在冰箱
　中降溫、冬天則是30℃。
・要開始揉麵團時，先將奶油從冰箱中取出置於室溫。

搓揉

1

2

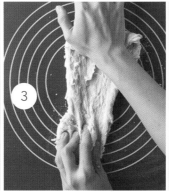

3

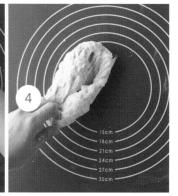

4

將調理盆放到磅秤上，測量並
加入酵母原種、全蛋、牛奶、
水後，用打蛋器和勻，再測量
並加入高筋麵粉、低筋麵粉、
鹽、砂糖，用刮刀攪拌。

攪拌到麵團成團為止。

移動到矽膠墊上，用手掌在揉
麵墊上像搓洗衣服一樣地搓揉
麵團約1分鐘。

一邊微調麵團方向，一邊用摔
打在矽膠墊上的方式揉麵團15
分鐘左右。

↓

測量牛奶和水的溫度，調整溫度後再
加入。

↓

形成麵筋薄膜（用手指撐開麵團後，
可以看到對面的薄膜狀態）就OK。

放入和麵團硬度差不多的奶油，就很容易吸收。

搓揉到沒有油膩感就OK。整圓。

在麵團上灑手粉（高筋麵粉。份量外），用刮板讓麵團四角與容器分離後，再將整個保存容器顛倒，輕柔地取出麵團。

輕輕出力捏緊固定收口。

基本發酵

分割・滾圓

靜置鬆弛

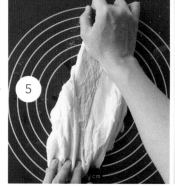

5

放上奶油並用麵團包起，用刮板將麵團切成4等分，重疊麵團之後再次搓揉。搓揉麵團直到奶油完全吸收。

6

將麵團放入保存容器中並用手指弄平整，在容器側面用紙膠帶做記號，就能知道麵團大小變化。蓋上蓋子放在室溫下進行基本發酵。

7

取出麵團後，用刮板分割成5塊麵團，將麵團的表面往下捲，撐起麵團並滾圓後，將收口朝下放置。

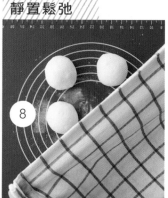

8

在麵團上蓋上餐巾，讓麵團休息約15分鐘。

當麵團膨脹到約3倍大時結束基本發酵。室溫20～25℃下的參考時間為9～15個小時。或是可以在麵團膨脹到1.5倍大時，放進冰箱的蔬果室中讓麵團緩慢發酵。因為這款麵團的砂糖含量多，所以需要花時間發酵。

將棒狀麵團的其中一端滾細，形成淚滴形狀。

將麵團較粗的一端朝上用擀麵棍壓扁，黏在矽膠墊上固定，再將麵團朝下拉長比較好。

整型

9

將麵團收口朝上並用手掌壓平，折疊麵團3次後捲起，形成棒狀。接著將麵團做成細長的淚滴狀，用擀麵棍將長度擀成約25cm。

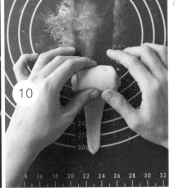

10

將上方麵團較粗的一端朝下鬆鬆地捲起，捏住尾端後朝下放在鋪好烘焙紙的烤盤上。

最後發酵時麵團會膨脹，所以要隔出間隔擺放。

最後發酵

11

使用烤箱的發酵功能讓麵團在35℃下進行最後發酵約75分鐘，直到麵團變大一圈為止。

將烤箱預熱至190℃。

烤焙

12

用刷子在麵團表面塗上蛋液，用190℃烤約13分鐘。

荳蔻捲

用麵包捲麵團再變化製作而成，是瑞典的人氣點心麵包。
雖然這款麵包的獨特造型有點難上手，
不過隨便捲一捲，成品竟也出乎意料地可愛。

材料／5個份

高筋麵粉（春豐合舞） 140g	酵母原種 55g
低筋麵粉 20g	蛋黃1顆+牛奶 90g
鹽 3g	奶油（不含食鹽） 20g
砂糖（素焚糖） 20g	內餡

內餡
- 奶油（不含食鹽） 25g
- 砂糖（素焚糖） 25g
- 荳蔻粉 1.5小匙
- 肉桂粉 2撮

準 備

- 先調整好牛奶的溫度。麵粉以室溫保存為前提，參考溫度如下：
  春天和秋天是20℃、夏天冰在冰箱中降溫、冬天則是30℃。
- 要開始揉麵團時，先將奶油從冰箱中取出置於室溫。
- 內餡用的奶油要回復室溫，並先和所有內餡材料混合均勻。
- 蛋黃1顆+牛奶，其中先取出8g蛋液留作裝飾用。

搓揉

1 參照p.25～26的作法步驟1～5來揉麵團。

基本發酵

2 將麵團放入保存容器中進行基本發酵，直到麵團膨脹到約3倍大為止。室溫20～25℃下的參考時間為9～15個小時。

分割・整型

3 取出麵團後，在表面灑手粉（高筋麵粉。份量外），用擀麵棍擀成長35cm×寬15cm的大小，將內餡塗在下半部（圖a）。將麵團折2折並蓋住上半部麵團後，用擀麵棍擀平增加一點垂直長度。

4 將麵團垂直切成3cm寬的長條，上方留下1cm不切斷的狀態將麵團切開（圖b）。將每條麵團左右拉開變成1條後，扭轉麵團。

5 以食指當中心軸固定麵團的一端，用另一隻手將麵團繞著周圍捲起（圖c）。將麵團尾端由上方繞到下方捲起，和麵團起點黏在一起，捏緊固定（圖d）。

最後發酵

6 使用烤箱的發酵功能讓麵團在30℃下發酵約70分鐘，或者在室溫下蓋上餐巾讓麵團進行最後發酵，直到麵團變大一圈為止。

烤焙

7 在麵團表面塗抹留作裝飾用的蛋液，用預熱至220℃的烤箱烤約14分鐘。

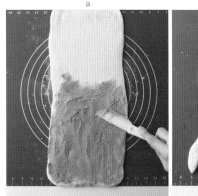
a

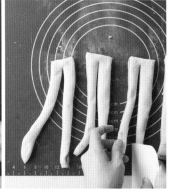
b

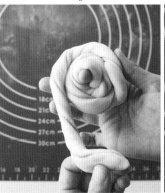
c

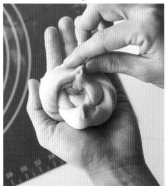
d

材料／5個份
荳蔻捲麵團（參照p.29） 所有份量
內餡
┌ 奶油（不含鹽） 25g
│ 砂糖（素焚糖） 25g
└ 肉桂粉 1小匙
爆米糖（參照p.16） 適量

準備

· 先調整好牛奶的溫度。麵粉以室溫保存為前提，參考溫度如下：春天和秋天是20℃、夏天冰在冰箱中降溫、冬天則是30℃。

· 要開始揉麵團時，先將奶油從冰箱中取出置於室溫。

· 內餡用的奶油要回到室溫，並先和所有內餡材料混合均勻。

· 蛋黃1顆＋牛奶，其中先取出8g蛋液留作裝飾用。

搓揉

1 參照p.25～26的作法步驟1～5來揉麵團。

基本發酵

2 將麵團放入保存容器中進行基本發酵，直到麵團膨脹到約3倍大為止。室溫20～25℃下的參考時間為9～15個小時。

分割·整型

3 取出麵團後，在表面灑手粉（高筋麵粉。份量外），用擀麵棍擀成長18cm×寬24cm的大小，在尾端2cm處及內餡上塗抹裝飾用蛋液，捲起麵團（圖a）。捏緊並將尾端黏在一起。

4 用刮板切成5個梯形，把梯形短邊朝上放，用筷子壓至底使麵團凹陷（圖b）。放在鋪好烘焙紙的烤盤上。

最後發酵

5 使用烤箱的發酵功能讓麵團在30℃下發酵約70分鐘，或者在室溫下蓋上餐巾讓麵團進行最後發酵，直到麵團變大一圈為止。

烤焙

6 在麵團表面塗抹裝飾用蛋液後加上爆米糖，用預熱至200℃的烤箱烤約12分鐘。

肉桂捲

這款麵包的水分只有蛋黃和牛奶。厚重的麵團與香料非常搭。
聽說在芬蘭會將肉桂捲叫做「被打了一巴掌的耳朵」。

a

b

材料／5個份
基礎麵包捲麵團（參照p.25） 所有份量
炸油（米糠油或沙拉油） 適量
砂糖（素焚糖） 適量

準備
・先調整好牛奶和水的溫度。麵粉以室溫保
　存為前提，參考溫度如下：春天和秋天是
　20℃、夏天冰在冰箱中降溫、冬天則是
　30℃。
・要開始揉麵團時，先將奶油從冰箱中取出置
　於室溫。

搓揉
1　參照p.25～26的作法步驟1～5來揉麵團。

基本發酵
2　將麵團放入保存容器中進行基本發酵，直
到麵團膨脹到約3倍大為止。室溫20～25℃下
的參考時間為9～15個小時。

分割・滾圓
3　取出麵團後，用刮板分割成5塊麵團，將麵
團的表面往下捲，並將麵團收口朝下滾圓。

靜置鬆弛
4　在麵團上蓋上餐巾，讓麵團休息約15分
鐘。

整型
5　將麵團重新滾圓後用手掌壓平，用寶特瓶
的瓶蓋等工具在正中央挖洞（圖a）。將麵團放
在鋪好烘焙紙的烤盤上，也放上挖掉的部分。

最後發酵
6　使用烤箱的發酵功能讓麵團在30℃下發酵
約60分鐘，或者在室溫下蓋上餐巾讓麵團進行
最後發酵，直到麵團變大一圈為止。

油炸
7　將麵團放進加熱至150℃的炸油中，將兩
面油炸至金黃色。挖掉的部分也一起油炸（圖
b）。放到金屬網上瀝油，趁熱將甜甜圈沾滿
砂糖。

甜甜圈

用基礎麵包捲麵團做出的甜甜圈彈牙又鬆軟，
用米糠油油炸後口感輕爽，趁熱吃或放一段時間再吃都很美味！

a

b

農家麵包

農家麵包的特徵是不用滾圓，只要切下麵團就整型完成。
內含許多水分，所以麵包內部充滿氣孔。
因為這種麵團容易變鬆弛，
所以建議夏天時使用冰箱來發酵。

【基礎農家麵包】

因為不用揉麵團所以製作麵團的方法非常簡單，但用烤箱烘烤麵包時有一些技巧。
用簡單的材料做成的麵包，更能夠發揮出酵母的美味。

材料／4個份

中高筋麵粉（TYPE ER。參照p.16）

　160g

鹽　3g

砂糖（素焚糖）　6g

酵母原種　55g

水　105g

準備

・先調整好水的溫度。麵粉以室溫保存為前提，參考溫度如下：春天和秋天是20℃、夏天冰在冰箱中降溫、冬天則是25℃。

・準備1片剪成和烤盤一樣大小的瓦楞紙。

麵團膨脹到約2.5倍大時結束基本發酵。室溫20～25℃下6～9個小時為準。或在麵團膨脹到1.5倍大時，放進冰箱冷藏發酵。

↑

攪拌

將調理盆放到磅秤上，按照順序測量並加入酵母原種、水後，用打蛋器和勻。即使沒有完全拌勻也OK。

↓

測量水的溫度，調整溫度後再加入。

測量並加入中高筋麵粉、鹽、砂糖，用刮刀攪拌至沒有殘留乾粉。在調理盆上包保鮮膜並置於室溫下20分鐘左右。

排氣

把手沾溼後將麵團的一端提起並剝離調理盆，再往中央折疊，重複一圈動作後，將麵團上下翻面。這個動作叫做排氣。每隔20分鐘要進行3次排氣。

↓

第2次排氣。麵團比起第1次排氣時變得更光滑。第3次排氣。麵團的麵筋受到強化，變得更加光滑。

第2次 　第3次

基本發酵

將麵團移動到保存容器中，用手指將麵團弄平整，在容器側面用紙膠帶做記號，就能知道麵團大小變化。蓋上蓋子放在室溫下進行基本發酵。

→

在麵團上灑手粉（中高筋麵粉。份量
外），用刮板讓麵團四角與容器分離
後，再將整個保存容器上下顛倒，輕
柔地取出麵團。

↑

分割・整型

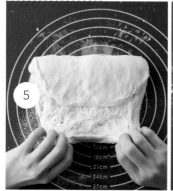

5

取出麵團後，上下折起後形成
3折，用手掌輕拍麵團表面使
麵團裡面的氣泡分散。

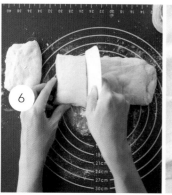

6

用刮板分割成4塊麵團。

7

將麵團放在灑好手粉（中高筋
麵粉。份量外）的發酵布上，
提起麵包麵團的兩側布料，隔
開麵團以維持形狀。

最後發酵

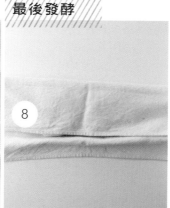

8

在麵團上蓋上發酵布，讓麵團
在室溫下進行最後發酵約50分
鐘，直到麵團稍微膨脹。

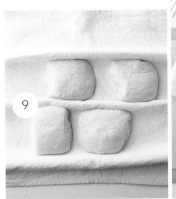

9

麵團稍微膨脹之後即結束最後
發酵。

↓

提前20分鐘以上將烤箱預熱至最高溫
度。同時也要放入兩片烤盤預熱。

烤焙

10

在瓦楞紙上鋪烘焙紙。在麵團
表面灑手粉（中高筋麵粉。份
量外），用刮板移動麵團。斜
放割紋刀的刀刃，用刀尖削出
1條斜向割紋。

11

在烤箱的上側烤盤倒入約
100ml熱水。在麵團上方的空
間噴水（直接噴水在麵團上的
話會讓麵粉飛起，所以感覺像
是噴在麵團上方的空間），烤
箱內（2片烤盤之間）也要噴
水。

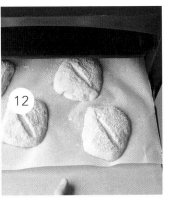

12

將麵團連同瓦楞紙和烘焙紙，
滑放到下側的烤盤上。設定蒸
氣模式用180℃烤10分鐘，再
切換普通模式用230℃烤約10
分鐘，直到烤出喜歡的顏色。

※無法用瓦斯烤箱照上述方法順利
烤出麵包時，在前8分鐘關掉烤箱電
源，之後用210℃烤到上色為止。
※用石窯高級烤箱機種烤麵包時，使
用過熱水蒸氣（蒸氣）模式用250℃
烤10分鐘，之後切換普通模式用
230℃烤約8分鐘。

譯註：「過熱水蒸氣」是指溫度高於
水的沸點（100℃）的蒸汽。

檸檬皮屑農家麵包

檸檬皮屑中的甜味與香氣，讓硬式麵包變得更加容易入口。
檸檬皮屑裡含有水氣，
所以配方中的水分比基礎農家麵包麵團的比例更少。

材料／4個份
中高筋麵粉（TYPE ER。參照p.16） 160g
鹽　3g
砂糖（素焚糖）　6g
酵母原種　55g
水　100g
檸檬皮屑　55g

準備
・先調整好水的溫度。麵粉以室溫保存為前提，參考溫度如下：春天和秋天是20℃、夏天冰在冰箱中降溫、冬天則是25℃。
・準備1片剪成和烤盤一樣大小的瓦楞紙。

攪拌
1　參照p.33的作法步驟1～2來攪拌，最後加入檸檬皮屑（圖a），用刮板切開麵團並重疊後（圖b），將麵團搓揉均勻。

排氣
2　參照p.33的作法步驟3每隔20分鐘排氣3次。

基本發酵
3　放入保存容器中進行基本發酵，直到麵團膨脹到2.5倍大為止。室溫20～25℃下的參考時間為6～9個小時。

分割・整型
4　取出麵團，上下折起形成三折，用手掌輕拍麵團表面使麵團裡面的氣泡分散。用刮板分割成4塊麵團。

5　將麵團放在灑好手粉（中高筋麵粉。份量外）的發酵布上，提起麵包麵團的兩側布料，隔開麵團以維持形狀。

最後發酵
6　蓋上發酵布，讓麵團在室溫下進行最後發酵約50分鐘，直到麵團稍微膨脹。

烤焙
7　將烤箱預熱至最高溫度，參照p.35的作法步驟10～12，設定蒸氣模式用180℃烤10分鐘，再切換普通模式用230℃烤約10分鐘。

a　　　　　　　b

抹茶螺旋麵包棒

在基礎農家麵包上加入一點變化，扭轉並整型。
紮實的麵團可以吃到另一種不同的口感。

材料／5個份

中高筋麵粉（TYPE ER。　酵母原種　55g
　參照p.16）160g　　水　100g
鹽　3g　　　　　　　抹茶　4g
砂糖（素焚糖）12g　甘納豆（選用個人
　　　　　　　　　　喜好的產品）55g

準備

・先調整好水的溫度。麵粉以室溫保存為前
　提，參考溫度如下：春天和秋天是20℃、夏
　天冰在冰箱中降溫、冬天則是25℃。
・準備1片剪成和烤盤一樣大小的瓦楞紙。

攪拌

1　參照p.33的作法步驟1～2來攪拌。在步驟
2放粉類時也加入抹茶。

排氣

2　參照p.33的作法步驟3每隔20分鐘排氣3
次。

基本發酵

3　將麵團放入保存容器中進行基本發酵，直
到麵團膨脹到約2.5倍大為止。室溫20～25℃
下的參考時間為6～9個小時。

分割・整型

4　取出麵團後，擀成長25cm×寬15cm的長
方形，在麵團下半部灑上甘納豆，蓋住上半部
麵團形成兩折（圖a），用手輕輕壓平。

5　在麵團表面灑手粉（中高筋麵粉。份量
外），切分成3cm寬的長條，分別扭轉每條麵
團（圖b）。

6　將麵團放在灑好手粉的發酵布上，提起麵
包麵團的兩側布料，隔開麵團以維持形狀。

最後發酵

7　蓋上發酵布，讓麵團在室溫下進行最後發
酵約50分鐘，直到麵團稍微膨脹。

烤焙

8　將烤箱預熱至最高溫度，參照p.35的作法
步驟11～12，設定蒸氣模式用180℃烤10分
鐘，再切換普通模式用230℃烤約8分鐘。

a

b

披薩麵包

簡樸的農家麵包麵團也可以當作披薩底來用。
減少水分、加了橄欖油的麵團,出爐成品口感極佳。
在麵團上使用添加番茄泥做出的簡易披薩醬。配料則隨個人喜好。

材料／4個份

中高筋麵粉（TYPE ER，
　參照p.16）　160g
鹽　3g
砂糖（素焚糖）　6g
酵母原種　55g
水　80g
橄欖油　6g

披薩醬
番茄泥　3大匙
蒜頭（磨泥）
　1/2瓣的量
鹽　1/4小匙
砂糖　1/2小匙

披薩配料
莫札瑞拉起司　100g
橄欖油　4小匙
鹽、胡椒、羅勒
　各少許

準備

・先調整好水的溫度。麵粉以室溫保存為前提，
　參考溫度如下：春天和秋天是20℃、夏天冰在
　冰箱中降溫、冬天則是25℃。
・準備1片剪成和烤盤一樣大小的瓦楞紙。
・先混合好披薩醬的材料。

攪拌

1　將調理盆放到磅秤上，照順序測量並加入酵母原種、水、橄欖油後（圖a），用打蛋器和勻，再測量並加入中高筋麵粉、鹽、砂糖，用刮刀攪拌至沒有乾粉殘留。

排氣

2　參照p.33的作法步驟3在20分鐘後進行1次排氣。

基本發酵

3　將麵團放入保存容器中進行基本發酵，直到麵團膨脹到約2.5倍大為止。室溫20～25℃下的參考時間為6～9個小時。

分割・滾圓

4　取出麵團後，用刮板分割成4塊麵團（圖b），撐起麵團的表面，並將麵團收口朝下滾圓。

靜置鬆弛

5　在麵團上蓋上餐巾，讓麵團休息約15分鐘。

整型

6　灑手粉（中高筋麵粉。份量外），用擀麵棍擀成直徑約12cm的圓形（圖c），在瓦楞紙上鋪烘焙紙，放上麵團。

最後發酵

7　繼續將麵團放在瓦楞紙上，使用烤箱的發酵功能讓麵團在35℃下進行最後發酵約60分鐘，直到麵團變大一圈為止。

烤焙

8　留下麵團邊緣1cm並用手指按壓其他地方後，塗抹披薩醬（圖d），放上撕成小塊、方便食用的起司後，各淋上1小匙橄欖油並灑鹽和胡椒。

9　在烤箱中放入1片烤盤，調到最高溫度並預熱20分鐘。將麵團連同烘焙紙滑放到烤盤上，用230℃烤約13分鐘（不使用蒸氣模式）。最後放上羅勒裝飾。

小鄉村麵包

混合全麥麵粉和黑麥麵粉等精緻度低的麵粉的麵包─鄉村麵包。
用自製天然酵母製作，麵團就產生了商業酵母無法做出的複雜美味，
完成一款越嚼越令人回味無窮的麵包。

【 基礎小鄉村麵包 】

鄉村麵包的做法和農家麵包一樣，不須揉麵就能完成。也可以做成三明治享用，隔夜過後只要噴水再用烤麵包機烤的話，就能恢復剛出爐的美味。

材料／4個份

中高筋麵粉（TYPE ER。參照p.16） 130g
全麥麵粉　15g
黑麥麵粉　15g
鹽　3g
砂糖（素焚糖）　10g
酵母原種　55g
水　105g

準備

・先調整好水的溫度。麵粉以室溫保存為前提，參考溫度如下：春天和秋天是20℃、夏天冰在冰箱中降溫、冬天則是25℃。
・準備1片剪成和烤盤一樣大小的瓦楞紙。

麵團膨脹到約2.5倍大時結束基本發酵。室溫20～25℃下5～8個小時為準。或麵團膨脹到1.5倍大時，放進冰箱冷藏發酵。

↑

攪拌 ///////

1

將調理盆放到磅秤上，按順序測量並加入酵母原種、水後，用打蛋器和勻。即使沒有完全拌勻也OK。

↓

測量水的溫度，調整溫度後再加入。

2

測量並加入中高筋麵粉、全麥麵粉、黑麥麵粉、鹽、砂糖，用刮刀攪拌至沒有殘留乾粉。在調理盆上包覆保鮮膜並放置於室溫下20分鐘左右。

排氣 ///////

3

把手沾溼後將麵團的一端提起並剝離調理盆，再往中央折疊，重複一圈動作後，將麵團上下翻面。這個動作叫做排氣。每隔20分鐘要排氣3次。

↓

第2次排氣。麵團比起第1次排氣時變得更光滑。第3次排氣。麵團的麵筋受到強化，變得更加光滑。

第2次　第3次

基本發酵 ///////

4

將麵團移動到保存容器中，用手指將麵團弄平整，在容器側面用紙膠帶做記號，就能知道麵團大小變化。蓋上蓋子放在室溫下進行基本發酵。

→

在麵團上灑手粉（中高筋麵粉。份量外），用刮板讓麵團四角與容器分離後，再將整個保存容器上下顛倒，輕柔地取出麵團。

↑

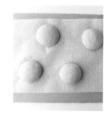

麵團變大一圈後即結束最後發酵。

↑

分割・滾圓

5

取出麵團後，用刮板分割成4塊麵團，將麵團的表面往下捲，撐起麵團並滾圓後，將收口朝下放置。

靜置鬆弛

6

在麵團上蓋上餐巾，讓麵團休息約15分鐘。

整型

7

將麵團重新滾圓成緊繃的圓球狀，並讓收口朝下。在瓦楞紙上鋪烘焙紙，並將麵團收口朝下放置。

↓

收口用手指捏牢固定。

最後發酵

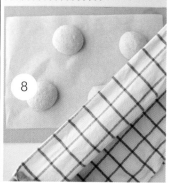

8

蓋上餐巾，讓麵團在室溫下進行最後發酵約60分鐘。寒冷時期發酵很慢，所以時間要拉長一點，炎熱時期發酵時間則要縮短。

↓

提前20分鐘以上將烤箱預熱至最高溫度。同時也要放入兩片烤盤預熱。

穀物麵包

在小鄉村麵包的作法步驟7整型後,噴水沾濕麵團表面,在麵團表面沾滿放在調理盆中的適量葵花籽和白芝麻。烤焙前用割紋刀劃出1條割紋,之後用相同方式烘烤出爐。

加入 一點變化

烤焙

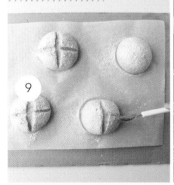

9

10

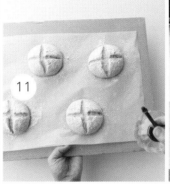

11

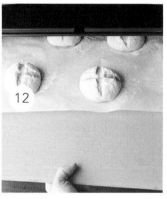

12

在麵團表面灑手粉(中高筋麵粉。份量外),用割紋刀的刀尖削出十字割紋。

在烤箱的上側烤盤中倒入約100ml的熱水。

在麵團上方的空間噴水(直接噴水在麵團上的話會讓麵粉飛起,所以感覺像是噴在麵團上方的空間),烤箱內(2片烤盤之間)也要噴水。

連同烘焙紙一起,將麵團滑放到下側的烤盤上。設定蒸氣模式用180℃烤10分鐘,再切換普通模式用230℃烤約10分鐘,直到烤出喜歡的顏色。

※用瓦斯烤箱無法照上述方法順利烤出麵包時,在前8分鐘關掉烤箱電源,之後用210℃烤到上色為止。
※用石窯高級烤箱機種烤麵包時,使用過熱水蒸氣(蒸氣)模式用250℃烤10分鐘,之後切換普通模式用230℃烤約8分鐘。

無花果核桃
小鄉村麵包

模仿無花果形狀做成的可愛小麵包。
將無花果快速泡過熱水後,會變得更加多汁。

材料／4個份
基礎小鄉村麵包麵團(參照p.41)
　　所有份量
無花果乾　70g
核桃　40g

準備
・先調整好水的溫度。麵粉以室溫保存為前
　提,參考溫度如下:春天和秋天是20℃、
　夏天冰在冰箱中降溫、冬天則是25℃。
・準備1片剪成和烤盤一樣大小的瓦楞紙。
・將無花果乾快速泡一下熱水後切成1.5cm的
　丁狀。
・將核桃放入烤箱中用180℃烘烤約8分鐘,
　將較大的核桃切成一半。

攪拌
1　參照p.41的作法步驟1~2攪拌,最後加入無花果
和核桃攪拌均勻(圖a)。

排氣
2　參照p.41的作法步驟3每隔20分鐘排氣3次。

基本發酵
3　將麵團放入保存容器中進行基本發酵,直到麵團
膨脹到約2.5倍大為止。室溫20~25℃下的參考時間
為6~10個小時。

分割・滾圓
4　取出麵團後,用刮板分割成4塊麵團,將麵團的
表面往下捲,並將麵團收口朝下滾圓。

靜置鬆弛
5　在麵團上蓋上餐巾,讓麵團休息約15分鐘。

整型
6　將麵團重新滾圓成緊繃的圓球狀,灑手粉(中高
筋麵粉。份量外),將部分麵團拉成細長狀,當作無
花果的蒂頭(圖b)。

7　在瓦楞紙上鋪烘焙紙,將麵團收口朝下放置。

最後發酵
8　蓋上餐巾,在室溫下進行最後發酵約60分鐘,直
到麵團變大一圈為止。

烤焙
9　在麵團表面灑手粉,用麵包割紋刀劃出3條垂直
割紋。將烤箱預熱至最高溫度,參照p.43的作法步驟
10~12,設定蒸氣模式用180℃烤10分鐘,再切換
普通模式用230℃烤約8分鐘。

a

b

材料／4個份

基礎小鄉村麵包麵團（參照p.41） 所有份量
栗子澀皮煮※ 70g+4顆
苦甜巧克力 25g
米糠油、黑麥麵粉（整型用） 皆適量

※「栗子澀皮煮」是指剝去新鮮栗子外殼、保留內
皮並加入砂糖燉煮的季節性料理。

攪拌

1 參照p.41的作法步驟1～2攪拌，最後加入
切碎的栗子和巧克力攪拌均勻。

排氣

2 參照p.41的作法步驟3每隔20分鐘排氣3
次。

基本發酵

3 將麵團放入保存容器中進行基本發酵，直
到麵團膨脹到約2.5倍大為止。室溫20～25℃
下的參考時間為6～10個小時。

分割・滾圓

4 取出麵團後，用刮板分割成4塊麵團，將麵
團的表面往下捲，並將麵團收口朝下滾圓。

靜置鬆弛

5 在麵團上蓋上餐巾，讓麵團休息約15分鐘。

整型

6 將麵團收口朝上並擀成圓形，放上栗子。
在麵團邊緣塗米糠油後灑黑麥麵粉（圖a），
集中周圍的麵團並包起，用手指扭轉固定（圖
b）。將麵團收口朝下放在灑好手粉（黑麥麵
粉。份量外）的發酵布上，提起麵包麵團的兩
側布料，隔開麵團以維持形狀（參照p.34）。

最後發酵

7 在麵團上蓋上發酵布，讓麵團在室溫下進
行最後發酵約60分鐘，直到麵團變大一圈為
止。

烤焙

8 在瓦楞紙上鋪烘焙紙，將麵團收口朝上放
置。將烤箱預熱至最高溫度，參照p.43的作法
步驟10～12，設定蒸氣模式用180℃烤10分
鐘，再切換普通模式用230℃烤約10分鐘。

準備

・先調整好水的溫度。麵粉以室溫保存為前提，參考溫度如下：
春天和秋天是20℃、夏天冰在冰箱中降溫、冬天則是25℃。

・準備1片剪成 和烤盤一樣大小的瓦楞紙。

・4顆栗子直接使用，將70g栗子切成3～4塊。巧克力則切成
1cm丁狀。

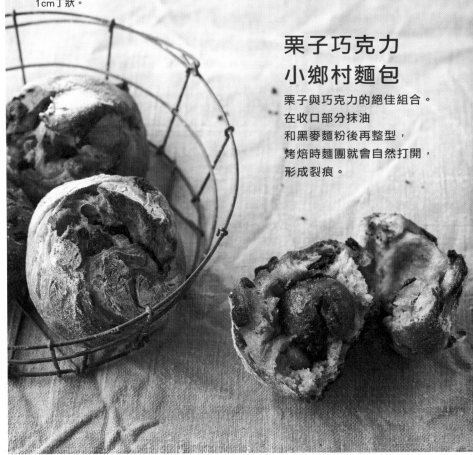

栗子巧克力
小鄉村麵包

栗子與巧克力的絕佳組合。
在收口部分抹油
和黑麥麵粉後再整型，
烤焙時麵團就會自然打開，
形成裂痕。

a

b

材料／4個份

中高筋麵粉（TYPE ER。參照p.16）115g	酵母原種　55g
黑麥麵粉　30g	水　60g
可可粉　15g	牛奶　55g
鹽　3g	苦甜巧克力　30g
砂糖（素焚糖）　16g	蔓越莓乾　30g
	杏仁粒　25g

準備

・先調整好水和牛奶的溫度。麵粉以室溫保存為前提，參考溫度如下：春天和秋天是20℃、夏天冰在冰箱中降溫、冬天則是25℃。
・準備1片剪成和烤盤一樣大小的瓦楞紙。
・將巧克力切成1cm的丁狀。
・將杏仁粒放在烤箱中用180℃烘烤約8分鐘。

a　　b

c　　d

攪拌

1　將調理盆放到磅秤上，測量並加入酵母原種、水、牛奶後，用打蛋器和勻。再測量並加入中高筋麵粉、黑麥麵粉、可可粉、鹽、砂糖，用刮刀攪拌至沒有乾粉殘留（圖a）。

2　加入巧克力、蔓越莓乾、杏仁粒後用刮板攪拌均勻（圖b）。

排氣

3　參照**p.41的作法步驟3**每隔20分鐘排氣3次。

基本發酵

4　將麵團放入保存容器中進行基本發酵，直到麵團膨脹到約2.5倍大為止。室溫20～25℃下的參考時間為7～10個小時。

分割・滾圓

5　取出麵團後，用刮板分割成4塊麵團，將麵團的表面往下捲，並將麵團收口朝下滾圓。

靜置鬆弛

6　在麵團上蓋上餐巾，讓麵團休息約15分鐘。

整型

7　將麵團收口朝上壓扁後上下折起（圖c），轉向90度後折疊壓緊麵團3次形成棒狀。在瓦楞紙上鋪烘焙紙，將麵團收口朝下放置。

最後發酵

8　蓋上餐巾，讓麵團在室溫下進行最後發酵約60分鐘，直到麵團變大一圈為止。

烤焙

9　在麵團表面灑手粉（中高筋麵粉。份量外），斜放麵包割紋刀的刀片，用刀尖劃出1條垂直的割紋（圖d）。預熱烤箱，參照**p.43的作法步驟10～12**，設定蒸氣模式用180℃烤10分鐘，再切換普通模式用230℃烤約10分鐘。

黑麥可可橄欖型法國麵包

在可可粉麵團中添加黑麥麵粉後，麵包成品就會變得更加濕潤。
因為加入可可粉後麵團收縮會讓割紋容易張開，
所以整型成橄欖型。放蔓越莓乾當作點綴。

香腸麵包

在又脆又硬的小鄉村麵包麵團裡
加入了多汁的香腸與綠紫蘇的組合。
是一款會令人上癮的美味麵包。

材料／4個份
基礎小鄉村麵包麵團（參照p.41） 所有份量
維也納香腸 8根
綠紫蘇 4片

準備
・先調整好水的溫度。麵粉以室溫保存為前提，參考溫度
　如下：春天和秋天是20℃、夏天冰在冰箱中降溫、冬天
　則是25℃。
・準備1片剪成和烤盤一樣大小的瓦楞紙。

攪拌
1　參照p.41的作法步驟1～2攪拌。

排氣
2　參照p.41的作法步驟3每隔20分鐘排氣3
次。

基本發酵
3　將麵團放入保存容器中進行基本發酵，直
到麵團膨脹到約2.5倍大為止。室溫20～25℃
下的參考時間為6～9個小時。

分割・滾圓
4　取出麵團後，用刮板分割成4塊麵團，將麵
團的表面往下捲，並將麵團收口朝下滾圓。

靜置鬆弛
5　在麵團上蓋上餐巾，讓麵團休息約15分
鐘。

整型
6　將麵團收口朝上擀成橢圓形，放1片綠紫
蘇，再橫擺2條香腸（圖a）。

7　將麵團折疊3次後包起來。第1次用上方麵
團蓋住香腸並固定收口，其餘2次則捲起麵團
並折疊捏緊固定。將麵團放在灑好手粉（中高
筋麵粉。份量外）的發酵布上，提起麵包麵
團的兩側布料，隔開麵團以維持形狀（參照
p.34）。

最後發酵
8　在麵團上蓋上發酵布，讓麵團在室溫下進
行最後發酵約60分鐘，直到麵團變大一圈為
止。

烤焙
9　在瓦楞紙上鋪烘焙紙，將麵團收口朝下放
置，並折成U字型。灑手粉，用剪刀在4處剪
下缺口（圖b），將烤箱預熱至最高溫度，參
照p.43的作法步驟10～12，設定蒸氣模式用
180℃烤10分鐘，再切換普通模式用230℃烤
約8分鐘。

a

b

馬鈴薯奶油麵包

用麵包麵團包住馬鈴薯和乳酪，
在切口處放上美乃滋與奶油後烤焙出爐。
麵包又脆又香，內部也熱騰騰的。

材料／4個份

基礎小鄉村麵包麵團（參照p.41）	乳酪絲　30g
所有份量	奶油（含鹽）　12g
馬鈴薯　1顆（大）	美乃滋　適量

準備

・先調整好水的溫度。麵粉以室溫保存為前提，參考溫度
　如下：春天和秋天是20℃、夏天冰在冰箱中降溫、冬天
　則是25℃。
・準備1片剪成和烤盤一樣大小的瓦楞紙。
・洗好馬鈴薯後保留外皮並包上保鮮膜，用微波爐
　（600W）加熱約2分30秒。剝皮後分成12等分，加入
　一撮鹽（份量外）攪拌。
・將奶油各分成3g。

攪拌

1　參照p.41的作法步驟1〜2攪拌。

排氣

2　參照p.41的作法步驟3每隔20分鐘排氣3
次。

基本發酵

3　將麵團放入保存容器中進行基本發酵，直
到麵團膨脹到約2.5倍大為止。室溫20〜25℃
下的參考時間為6〜9個小時。

分割・滾圓

4　取出麵團後，用刮板分割成4塊麵團，將麵
團的表面往下捲，並將麵團收口朝下滾圓。

靜置鬆弛

5　在麵團上蓋上餐巾，讓麵團休息約15分
鐘。

整型

6　將麵團收口朝上擀成圓形。放上3塊馬鈴
薯、1/4份量的起司（圖a），集中四周麵團後
包起來，用手指捏緊固定。在瓦楞紙上鋪烘焙
紙，將麵團收口朝下放置。

a

b

最後發酵

7　蓋上餐巾，讓麵團在室溫下進行最後發酵
約60分鐘，直到麵團變大一圈為止。

烤焙

8　在麵團表面灑手粉（中高筋麵粉。份量
外），用剪刀剪出十字切口，在切口處放美乃
滋、奶油（圖b）。將烤箱預熱至最高溫度，
參照p.43的作法步驟10〜12，設定蒸氣模式
用180℃烤10分鐘，再切換普通模式用230℃
烤約10分鐘。

貝果

自製天然酵母貝果的魅力在於外皮香濃、
充滿嚼勁令人欲罷不能。
使用商業酵母做貝果時不需要進行基本發酵，
但用天然酵母的重點就藉由基本發酵來讓麵團膨脹。

【基礎貝果】

只要用美味的麵粉和自製天然酵母製作材料簡單的原味貝果，
就能讓成品充滿美味。不論什麼時候吃都不會膩的美味。

材料／4個份

中高筋麵粉（TYPE ER。參照p.16） 140g
全麥麵粉　20g
鹽　3g
砂糖（素焚糖）　10g
酵母原種　50g
水　70g

準備

· 先調整好水的溫度。麵粉以室溫保存為前
　提，參考溫度如下：春天和秋天是20℃、
　夏天冰在冰箱中降溫、冬天則是30℃。

搓揉

1

將調理盆放到磅秤上，按順序
測量並加入酵母原種、水後，
用打蛋器和勻。接著測量並加
入中高筋麵粉、全麥麵粉、
鹽、砂糖，用刮刀攪拌至成
團。

↓

測量水的溫度，調整溫度後再加入。

2

移動到矽膠墊上，用手掌在揉
麵墊上像搓洗衣服一樣地搓揉
麵團約1分鐘。

3

一邊微調麵團方向，一邊用摔
打在矽膠墊上的方式揉麵團5
分鐘左右。麵團表面稍微變得
光滑，但還沒有形成麵筋薄膜
的狀態。

基本發酵

4

將麵團放入保存容器中，用手
指將麵團弄平整，在容器側面
用紙膠帶做記號，就能知道麵
團大小變化。以這種狀態在室
溫下進行基本發酵。

↓

當麵團約膨脹到2.5倍大時結
束基本發酵。室溫20～25℃
下的參考時間為6～9個小
時。或是可以在麵團膨脹到
1.5倍大時，放進冰箱的蔬果
室中讓麵團緩慢發酵。可以保
存2天。回復室溫後再分割麵
團。

在麵團上灑手粉，用
刮板讓麵團四角與容
器分離後，再將整個
保存容器上下顛倒，
輕柔地取出麵團。

用手指捏緊收口，並
讓麵團收口朝下。

打開其中一邊麵團的頂端後用手掌壓
扁。壓扁後成品就會很漂亮。

↑

↑

分割・滾圓

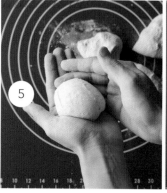

5

取出麵團後，用刮板分割成4
塊麵團，將麵團的表面往下
捲，撐起麵團並滾圓後，將收
口朝下放置。

靜置鬆弛

6

在麵團上蓋上餐巾，讓麵團休
息約15分鐘。

整型

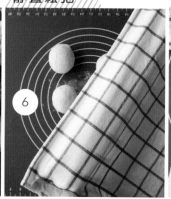

7

將麵團收口朝上，用擀麵棍將
麵團擀成橢圓形。水平擺放麵
團，上下折起後再折兩折。

↓

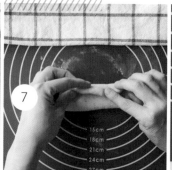

8

用雙手將麵團滾成長度約
18cm的棒狀，攤開並壓扁其
中一邊麵團的頂端後，包起並
夾住另一邊麵團，形成圓環
狀。將麵團塞好包住之後就能
做出粗細一致的貝果。

收口用手指捏牢固定。

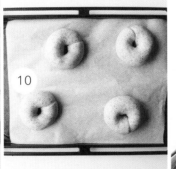

將收口藏到貝果孔洞的內側，烘烤時就不容易裂開。將收口朝下放在鋪好烘焙紙的烤盤上。

使用烤箱的發酵功能讓麵團在35℃下進行最後發酵約60分鐘，直到麵團稍為膨脹。照片為發酵後。

↓

將烤箱預熱至220℃。

在平底鍋中燒開1ℓ的熱水，加入1大匙蜂蜜（或是砂糖。份量外）。放入麵團，每面各水煮15秒後用網勺撈起，再次放在鋪好烘焙紙的烤盤上。

↓

在熱水中加蜂蜜後，水煮貝果的顏色會更漂亮。

水煮後趁早放入烤箱，用預熱至220℃的烤箱烤約16分鐘，直到烤出外觀美味的顏色為止。

材料／4個份

中高筋麵粉（TYPE ER。參照p.16）160g	酵母原種　50g
	水　60g
鹽　3g	南瓜　淨重140g
砂糖（素焚糖）　12g	裝飾用
	砂糖（素焚糖）　10g
	南瓜籽　20顆

搓揉

1　以p.51的作法步驟1~3揉麵團，在和勻**作法步驟1**的酵母原種和水時加入60g南瓜泥攪拌（圖a）。

基本發酵

2　在容器中進行基本發酵，直到膨脹到約2.5倍大為止。室溫20~25℃下的參考時間為6~9個小時。

分割・滾圓

3　取出麵團後，分割成4塊麵團，將麵團的表面往下捲，並將收口朝下滾圓。

靜置鬆弛

4　在麵團上蓋上餐巾，讓麵團休息約15分鐘。

整型

5　將麵團擀成橢圓形，周圍留下些許空隙並在每塊麵團上抹裝飾用南瓜泥各1/4的份量（圖b）。將靠近自己的麵團向外捲起，捏緊收口做成棒狀，再參照**p.52~53的作法步驟8~9**做成圓環狀，放在鋪好烘焙紙的烤盤上。

最後發酵

6　用烤箱的發酵功能讓麵團在35℃下最後發酵約60分鐘，到麵團稍微膨脹。

水煮

7　參照**p.53的作法步驟11**水煮貝果。

烤焙

8　將南瓜籽放在麵團表面上，用預熱至220℃的烤箱烤約15分鐘。

a

b

準備

・先調整好水的溫度。麵粉以室溫保存為前提，參考溫度如下：春天和秋天是20℃、夏天冰在冰箱中降溫、冬天則是30℃。
・將南瓜蒸熟或用微波爐加熱弄軟後，用叉子壓碎成泥。趁熱取出60g麵團用的南瓜泥，剩下的80g裝飾用南瓜泥則另外加入10g砂糖攪拌好。

南瓜貝果

在麵團中放入南瓜會產生濕潤、彈牙的口感。
麵包裡面也包入了南瓜泥。本書使用日本國產南瓜。
冷凍南瓜或外國產南瓜有時水分含量很多，因此需要調整比例。

材料／4個份

基礎貝果麵團（參照p.51） 所有份量
紅切達乳酪、高達起司　加起來70g
裝飾用
　乳酪絲　20g
粗磨黑胡椒　適量

準備

・先調整好水的溫度。麵粉以室溫保存為前提，參考
　溫度如下：春天和秋天是20℃、夏天冰在冰箱中
　降溫、冬天則是30℃。
・將紅切達乳酪、高達起司切成1.5cm丁狀。

搓揉

1　參照p.51的作法步驟1～3來揉麵團。

基本發酵

2　將麵團放入保存容器中進行基本發酵，直到麵團
膨脹到約2.5倍大為止。室溫20～25℃下的參考時間
為6～9個小時。

分割・滾圓

3　取出麵團後，用刮板分割成4塊麵團，將麵團的
表面往下捲，並將麵團收口朝下滾圓。

靜置鬆弛

4　在麵團上蓋上餐巾，讓麵團休息約15分鐘。

整型

5　用擀麵棍將麵團擀成橢圓形，在麵團上半部各放
上1/4份量的2種起司，再灑上黑胡椒（圖a）。一開始
折麵團時要將起司牢牢固定在麵團裡，接著再折2次
麵團並捏緊固定。

6　將麵團搓成長度約20cm的棒狀，攤開並壓扁其
中一邊麵團的邊緣，用手固定麵團並扭轉2圈（圖
b），包起並夾住另一邊麵團，形成圓環狀後，放在
鋪好烘焙紙的烤盤上。

最後發酵

7　使用烤箱的發酵功能讓麵團在35℃下進行最後發
酵約60分鐘，直到麵團稍微膨脹。

水煮

8　參照p.53的作法步驟11水煮貝果。

烤焙

9　將乳酪絲加在麵團表面上，用預熱至220℃的烤
箱烤約15分鐘。

起司貝果

放進麵團中的起司容易影響貝果形狀，
所以建議使用塊狀乾酪或加工乳酪。
將麵團扭轉整型過後，
會形成更緊實的口感。

a

b
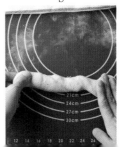

材料／4個份

中高筋麵粉
　（TYPE ER。參照p.16） 160g
紅茶茶葉（伯爵） 2.5g
鹽 3g
砂糖（素焚糖） 12g

酵母原種 50g
牛奶 75g
焦糖燉蘋果
　┌ 蘋果（帶有酸味的紅玉蘋果） 1顆
　│ 奶油（不含鹽） 10g
　│ 砂糖（上白糖） 25g
　│ 鮮榨檸檬汁 1小匙
　└ 肉桂粉 少許

紅茶蘋果貝果

將焦糖燉蘋果包入添加紅茶的麵團中，是經典人氣款。
大口一咬，蘋果、奶油和肉桂的香甜氣味就會在口中擴散開來。
本書中紅茶使用了茶葉細碎的伯爵紅茶茶包。

a　　　　b

c　　　　d

準備

・先調整好牛奶的溫度。麵粉以室溫保存為前提，
　參考溫度如下：春天和秋天是20℃、夏天冰在
　冰箱中降溫、冬天則是30℃。

製作焦糖燉蘋果

1　將蘋果削皮後分成8等分並切成弧形後去除芯和籽，再
切成5等分的銀杏狀。在平底鍋中將奶油融化後拌炒蘋果，
炒至透明就加入砂糖、鮮榨檸檬汁再繼續拌炒。變成咖啡
色且濃稠後灑上肉桂粉（圖a），取出放在調理盤中放涼。

搓揉

2　參照p.51的作法步驟1～3來揉麵團。測量並加入步驟1
的粉類時和紅茶茶葉一起攪拌（圖b）。

基本發酵

3　將麵團放入保存容器中進行基本發酵，直到麵團膨脹
到約2.5倍大為止。室溫20～25℃下的參考時間為6～9個
小時。

分割・滾圓

4　取出麵團後，用刮板分割成4塊麵團，將麵團的表面往
下捲，並將麵團收口朝下滾圓。

靜置鬆弛

5　在麵團上蓋上餐布，讓麵團休息約15分鐘。

整型

6　將麵團收口朝上並用擀麵棍擀成橢圓形，在每塊麵團
的上半部各放上1/4份量的焦糖燉蘋果（圖c）。一開始折
麵團時要將蘋果牢牢固定在麵團裡（圖d），接著再折2次
麵團並捏緊固定。

7　用雙手將麵團滾成長度約18cm的棒狀，攤開並壓扁
其中一邊麵團的邊緣，包起並夾住另一邊麵團，形成圓環
狀，放在鋪好烘焙紙的烤盤上。

最後發酵

8　使用烤箱的發酵功能讓麵團在35℃下進行最後發酵約
60分鐘，直到麵團稍微膨脹。

水煮

9　參照p.53的作法步驟11水煮貝果。

烤焙

10　用預熱至220℃的烤箱烤約15分鐘。

想知道更多有關自製天然酵母的事

如果特地製作自製天然酵母，卻無法靈活運用的話只是浪費。
尤其把液種當調味料使用的用途非常多。
本章節介紹與廚房中的酵母好好共處的點子和小知識。

用完酵母液種、原種的方法……

經營自製天然酵母教室時意外被許多學生詢問，酵母用不完會剩下的煩惱。

嘗嘗看液種後就會發現，液種本身相當美味。因為葡萄（葡萄乾）經過了酒精發酵，所以會嘗到像葡萄酒或是酵素果汁一樣的味道。**我有時候也會加氣泡水稀釋再擠檸檬進去喝。**

另外，液種的酵素活動有讓食材變軟的功用，所以最適合抹在肉或魚上。花數個小時醃漬後再蒸烤，成品柔軟又多汁。

再加上，因為葡萄乾濃縮了葡萄的甜味，所以可以取代味醂加入燉菜中，或是做成醬汁增添甜味和多層次的美味。請把液種當作家庭萬用調味料多試用在料理當中。

法式酵母醬……將橄欖油4大匙和酵母液種2大匙加入調理盆，用打蛋器充分攪拌至濃稠後，加入白葡萄酒醋2大匙、法式芥末1大匙、鹽1/4小匙並攪拌均勻。可以放在冰箱中保存約5天。

另一方面，原種的保存時間很短，只要續養就會持續增加。不太常做麵包時，就慢慢減少續養的粉和水量，或者將原種加倍放入麵包中用完，再定期培養新的酵母原種。

再來我會建議將逐漸失去活力的原種，用在本書中介紹的薄餅或披薩等不用膨脹很多也能食用的美味麵團中。

想用其他的水果來培養酵母……

成功培養出葡萄乾酵母之後，讀者們也會對使用其他的水果培養酵母產生興趣吧。因為葡萄乾的發酵力很強，獲得這次的成功體驗後，也變得能看出其他的酵母是否發酵成功，並且在培養其他酵母時，只要把葡萄乾酵母當作起種加入1小匙，就能大幅提高成功率。

用新鮮的水果發酵時，因為蒂頭、種籽和外皮周邊都有酵母菌，所以就算吃完果肉也沒關係。舉例來說，使用吃掉果肉後剩下的部分，例如蘋果或梨子的芯和果皮，桃子、柑橘類的種籽和果皮來培養酵母的話，就算失敗也沒什麼損失。新鮮的水果在液種起種時會比水果乾更早開始冒泡，也有氣泡較早穩定下來的傾向，所以仔細觀察瓶底是否有酵母沉澱，就能判斷是否完成。

其他我也很推薦的像是芒果乾的發酵力很強。說到比較特殊的酵母種則有迷迭香等香草、紅茶或咖啡、甚至連巧克力也可以培養酵母。用不同東西起種的液種，製作出的點心風味也會改變，所以熟悉之後再挑戰看看也很有趣呢。

商業酵母→天然酵母的食譜轉換方法

			轉換後	
粉	100g	→	**粉**	**100g**
商業酵母	1g	→	**天然酵母原種**	**30g**
鹽	2g	→	**鹽**	**2g**
水	60g	→	**水**	**54g**

商業酵母的食譜可以完全轉換成天然酵母，反之亦然。雖然口感和風味不同，但只要轉換食譜，能做的麵包就會一下子增加。

將粉類設定為100%時，以各材料與粉類相對要加入幾%的方式來設計麵包食譜（這叫烘焙百分比）。為了更容易理解，有些食譜會如左圖將粉類設定為粉100g（100%）。

這時也請把其他的材料當作g＝%。

因為我很多時候會加粉類的30～35%的酵母原種，這裡為了計算方便將30g酵母原種轉換成1g商業酵母。本書酵母原種的粉和水是用1：1的比例來續養，所以與加入粉15g、水15g是相同的意思。也就是說麵粉的實際重量為115g。水分是115g的60%，所以是115×0.6=69g，但因為這裡還包含了酵母原種重量一半的15g水，所以還要再減掉。69-15=54g是加入了酵母原種30g時的水的重量。覺得計算很難的人，就請記住在加入酵母原種這種水分多的東西後，就要稍微減少水分。嚴格來說鹽要加2.2g，但直接加2g也沒關係。

天然酵母→商業酵母的食譜轉換方法

			轉換後	
粉	100g	→	**粉**	**100g**
天然酵母原種	30g	→	**商業酵母（0.3～1.5%）**	
鹽	2g	→	**鹽**	**2g**
水	60g	→	**水**	**65g**

接下來是將天然酵母的食譜轉換成商業酵母的方法。假設食譜如左述時。加入酵母原種的量，雖然水的重量變少了，但這個食譜的真正的水分%如下：（水60g+酵母原種的一半15g）÷（粉100g+酵母原種的一半15g），求得65%。因此不加酵母原種時，以100×0.65計算得知要加65g的水。覺得計算很難的人，請記住用商業酵母製作麵包時，要稍微增加水分。

添加商業酵母的量請依個人喜好。當我想做柔軟且體積大的麵包時會加入和粉量對應比例是1.5%的商業酵母，做硬式麵包的話則會加入0.3%左右的商業酵母來製作。

PART 2

用葡萄乾天然酵母做點心

本章節介紹使用酵母原種和液種來製作點心。

不用泡打粉，而是靠酵母的力量膨脹的發酵點心，

所以需要花時間讓麵團發酵，因發酵時間改變會讓口感不同也是有趣之處。

發酵時間短的話會形成紮實的口感，

時間長的話則充滿氣泡會形成鬆軟的口感。

酵母本身帶有甜味和保濕的效果，所以也可以減量添加砂糖和油。

草莓馬芬

用酵母液種的力量使麵糊膨脹，所以馬芬的口感鬆軟又溫和。
液種的風味和葡萄乾的甜味讓麵糊從裡到外散發香味。
除了草莓以外也可以使用當季水果體驗製作各式各樣的馬芬。

材料／直徑7cm×高度3cm的馬芬模型6個份

低筋麵粉　120g	草莓　6顆
杏仁粉　20g	碎屑
雞蛋　1顆	⎡ 奶油（不含鹽）　15g
米糠油或太白胡麻油　50g	｜ 砂糖（素焚糖）　15g
砂糖（素焚糖）　50g	｜ 杏仁粉　10g
牛奶　20g	⎣ 低筋麵粉　25g
酵母液種　30g	

準備

· 先將碎屑用的奶油切成1cm丁狀，冷藏在冰箱中。
· 在馬芬模型中鋪馬芬紙杯。

1　製作碎屑。在調理盆中加入所有的碎屑材料，用刮板切碎奶油，變碎後用手指邊壓碎奶油邊混勻，捏成或大或小的肉鬆狀（圖a）。

2　在調理盆中加入雞蛋和米糠油後用打蛋器攪拌均勻，按照順序加入砂糖、牛奶以及從底部拌勻的酵母液種，每次加入新材料時都要攪拌。

3　過篩並加入低筋麵粉和杏仁粉，用打蛋器攪拌均勻。

4　將步驟3的麵糊倒入馬芬模型中至七～八分滿（圖b），放在室溫下發酵。依使用的液種不同發酵時間也不相同，室溫20～25℃下的參考時間是8～18個小時。當麵糊體積增加且表面出現小氣泡時即完成發酵（圖c）。

5　清洗草莓並摘掉蒂頭，垂直切成4等份。在步驟4的每個馬芬上放1塊草莓並輕壓後，放上碎屑（圖d）。

6　用預熱至180℃的烤箱烤約20分鐘。繼續放在烤模中散熱。

a

b

c

d

材料／16.5cm×7cm×高度6cm的磅蛋糕模型1條份

低筋麵粉 80g	紅蘿蔔 60g
杏仁粉 20g	葡萄乾 20g
肉桂粉、肉荳蔻粉、	核桃 20g
荳蔻粉 各1/4小匙	椰子絲 20g
雞蛋 1顆	淋霜
米糠油或太白胡麻油 50g	奶油乳酪 100g
砂糖（素焚糖） 50g	奶油（不含鹽） 10g
牛奶 20g	砂糖（上白糖） 10g
酵母液種 25g	

準 備

· 混合低筋麵粉、杏仁粉、肉桂粉、肉荳蔻粉和荳蔻粉。
· 用刨絲器或乳酪刨絲器等工具將胡蘿蔔處理成細絲狀。
· 用180℃的烤箱將核桃烘烤8分鐘後，大略切碎。
· 在烤模上鋪烘焙紙。

1　在調理盆中加入雞蛋和米糠油後用打蛋器攪拌均勻，按照順序加入砂糖、牛奶以及從底部拌勻的酵母液種，每次加新材料都要攪拌（圖a）。

2　加入葡萄乾、核桃、椰子絲和胡蘿蔔（圖b），用刮刀混合均勻。

3　過篩並加入混合好的粉類和香料，從底部翻拌。直到沒有殘留乾粉並出現光澤就OK。

4　倒入烤模中並包上保鮮膜，放在室溫下發酵。室溫20～25℃下的參考時間是8～18個小時。當麵糊體積稍微增加且表面出現小氣泡時即完成（圖c）。

5　用預熱至180℃的烤箱烤約40分鐘。插入竹籤後沒有沾黏即完成。從烤模中取出散熱，冷卻後取下烘焙紙。

6　將糖霜材料回復室溫後倒入調理盆，用刮刀充分攪拌。使用蛋糕抹刀均勻地塗抹在蛋糕上（圖d），放在冰箱中冷藏。

a

b

c

d

紅蘿蔔蛋糕

發酵時間短形成紮實口感，
時間長則形成鬆軟口感，用天然酵母才做得出的磅蛋糕。
蛋糕和奶油乳酪糖霜更是絕配。

水果乾椰子司康

將加了天然酵母的司康麵團先放入冰箱的蔬果室中，
經過一天發酵後，烤出的司康口感輕盈。
也很推薦在想吃的時候只切下想要吃的份量放入烤箱烤。

材料／6個份

低筋麵粉　100g		牛奶　30g	
全麥麵粉　50g		酵母原種　40g	
砂糖（素焚糖）　35g		芒果乾、蔓越莓乾　各20g	
鹽　一撮		椰子絲　20g	
奶油（不含鹽）　50g			

準備

・先將奶油切成1cm丁狀，放在冰箱中冷藏。
・將芒果乾切成5mm丁狀，和蔓越莓乾、椰子絲
　混合。

1　在調理盆中加入低筋麵粉、全麥麵粉、砂糖、鹽後用打蛋器攪拌，再加入奶油並用刮板切拌。直到顆粒變細之後，用手指捏碎顆粒同時和麵粉混合，形成像砂子的狀態。因為奶油融化後就無法變成顆粒狀，所以這個步驟動作要迅速。

2　在另一個調理盆中加入牛奶和酵母原種後用打蛋器攪拌，加進步驟1中（圖a），用刮刀攪拌。待麵團成團後，加入混合好的水果乾和椰子絲，攪拌均勻。最後用手捏緊成團。

3　將麵團移動到矽膠墊或揉麵板上，用擀麵棍擀平，將麵團切成一半後重疊（圖b），反覆此動作3次。將麵團整理成長方形並包上保鮮膜（圖c），放在冰箱的蔬果室中發酵3～5天。

4　將烤箱預熱至200℃。用菜刀切掉步驟3的麵團4邊，再切成6等分。用刷子在表面塗抹牛奶（份量外）。

5　用預熱至190℃的烤箱烤約20分鐘。接著繼續在烤箱內放置5分鐘左右，口感就會更加酥脆。最好把切下的邊角放在一起烤。

a　　　b

c　　　d

材料／好做的份量
低筋麵粉　90g
全麥麵粉　15g
砂糖（素焚糖）　20g
鹽　一撮
酵母液種　22g
米糠油或太白胡麻油　25g

1　在調理盆中加入低筋麵粉、全麥麵粉、砂糖和鹽後用打蛋器攪拌。加入米糠油並用打蛋器打成鬆散的肉燥狀。

2　加入從底部拌勻的酵母液種（圖a），用手捏成團。盡量不要搓揉麵團。

3　移動到保鮮膜上，在上方再蓋一層保鮮膜，用擀麵棍擀成5mm厚。放在冰箱的蔬果室中發酵1～5天。

4　取下保鮮膜後壓上喜歡的餅乾模（圖b），將餅乾放在鋪好烘焙紙的烤盤上。不用餅乾模具使用菜刀切也可以。

5　用預熱至180℃的烤箱烤約17分鐘。

a

b
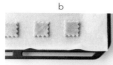

全麥餅乾

在餅乾麵團中加入天然酵母之後，麵團中充滿小氣泡做出咯吱咯吱的口感。
加了全麥麵粉的樸素滋味，越咬越能感受到餅乾的美味。

材料／8片份

低筋麵粉　40g
酵母原種　50g
橄欖油　2小匙
鹽　1/4小匙
乾燥羅勒　1/2小匙
粗磨黑胡椒　少許
紅蘿蔔（磨成泥）　1/2片份量

1　在調理盆中加入酵母原種、橄欖油、鹽、乾燥羅勒、黑胡椒、胡蘿蔔後，用打蛋器將原種攪拌至軟化。

2　加入低筋麵粉，用刮刀攪拌均勻，再用手捏成團。

3　放在鋪好烘焙紙的烤盤上擀薄，整理成長12cm×寬15cm的長方形（圖a）。

4　用預熱至170℃的烤箱烤約13分鐘，暫時取出餅乾並用菜刀切分成8等分（圖b）。在這個步驟切成三角形或者四角形都可以。

5　再次放入烤箱中烤約18分鐘，烤到麵團稍微上色。

a

b

香蒜羅勒鹹餅

就算用活性不高的酵母原種也能製作，
攪拌後直接放入烤箱就OK，不須發酵的薄餅。
帶有些許鹹味，也非常適合當作下酒菜。

黑糖香蕉蒸蛋糕

將蛋糕蒸出表面像花開一樣的裂痕的秘訣就在於
使用活性高的酵母、用大火開始蒸、
以及稍微移開蒸籠的蓋子蒸，散出蒸汽不讓水珠滴落。
這款蛋糕用灑糖粉的方式來製作。

材料／直徑7.5cm×高度3.5～4cm的容器5個份

低筋麵粉	120g	酵母原種	45g
小蘇打粉	1/4小匙	米糠油	10g
香蕉（熟透的）	1根	黑糖	60g
		水	80g

1　在調理盆中加入香蕉後用打蛋器大略壓碎，加入酵母
原種、米糠油、黑糖後用打蛋器攪拌均勻（圖a），再加入
水攪拌。

2　一起過篩並加入低筋麵粉和小蘇打粉後（圖b），攪拌
均勻。

3　將步驟2的麵糊分成5等分倒入容器中，蓋上保鮮膜放
在室溫下發酵。室溫20～25℃下的參考時間為7個小時以
上。當麵糊體積增加且表面出現小氣泡時即完成。也可以
放在蒸籠裡，加蓋讓麵糊發酵（圖c）。

4　放入冒蒸氣的蒸籠裡，稍微移開蓋子以防水珠滴落，
用大火蒸13分鐘。插入竹籤後不沾黏麵糊的話即蒸熟。將
蛋糕從容器中取出（圖d），散熱後撕掉烘焙紙，盛盤並灑
上適量糖粉（份量外）。

準 備

· 如果黑糖結塊的話要捏碎成粉末狀。
· 在容器中（小烤皿或不鏽鋼杯等）鋪烘焙紙。剪下比小
烤皿大一圈的烘焙紙，在四角剪出切口後再鋪入即可。

a　　　　　　　　　　b

c　　　　　　　　　　d

材料／4片份

低筋麵粉　140g
全麥麵粉　20g
酵母原種　40g
原味優格　50g
融化奶油（不含鹽）　10g
砂糖（素焚糖）　30g
鹽　兩撮
水　110g

1　在調理盆中加入酵母原種、優格、融化奶油、砂糖和鹽後，用打蛋器攪拌均勻並將原種攪拌至軟化，再加水攪拌。

2　將低筋麵粉和全麥麵粉一起過篩加入步驟 1 後，用打蛋器攪拌。

3　包上保鮮膜，放在室溫下發酵。室溫20～25℃下的參考時間是7個小時以上。當麵糊體積增加且表面出現小氣泡時即完成（圖a）。

4　開火加熱平底鍋，不須倒油，放入步驟 3 的 1/4 麵糊的量（圖b）。當表面出現氣泡後上下翻面，用偏強的小火煎到裡面熟透。用同樣的方式再煎3片。

5　盛盤，淋上奶油或楓糖後（皆份量外）享用。

鬆餅

不用加蛋和牛奶，只用酵母原種發酵的話，鬆餅彈牙又濕潤。
混合全麥麵粉為麵糊增添香氣。
雖然也能用活性差的酵母做鬆餅，但用活性強的酵母製作的話會更加鬆軟。

a

b

材料／120ml容量的玻璃杯2個份

酵母液種　60g

吉利丁粉　2g

水　80g

砂糖（上白糖）15g

覆盆子　20g

白桃罐頭（切成一口大小）50g

1　在調理盆中加入吉利丁粉。在小鍋中加入水40g並加熱到80℃後，加入吉利丁（圖a），用打蛋器攪拌到溶解。

2　加入砂糖並攪拌到溶解。溫度低時吉利丁會因溶解不完全而變得無法凝固，所以如果沒有溶解的話，就要再次稍微加熱後使其溶解。

3　加入剩下的水和從底部拌勻的酵母液種後攪拌均勻。

4　在玻璃杯中各加入1/2份量的覆盆子和白桃，再倒入步驟3（圖b），放在冰箱中冷卻凝固。

a

b

水果酵母果凍

酵母液種的味道就像貴腐葡萄一樣。帶有自然的甜味，只須加少量砂糖。
因為果凍不須加熱，所以可以直接將活的酵母菌和乳酸菌吃進身體裡。

PROFILE

池田愛實（Ikeda Manami）

在日本湘南‧辻堂經營麵包教室「crumb-クラム」。就讀大學時，在藍帶國際學院東京分校麵包科學習，畢業後於該校擔任助理。26歲時前往法國，在M.O.F.（法國最佳工藝師獎）的麵包店累積工作經驗。回國後，在東京都內的餐廳從事麵包食譜開發與製作，同時也擔任料理研究家的助理。以製作高品質且同時對身體有益的麵包為目標。

撮影協力　TOMIZ（富澤商店）
https://tomiz.com/
電話042-776-6488

TITLE

烘焙初心者的天然酵母麵包

STAFF

出版	瑞昇文化事業股份有限公司
作者	池田愛實
譯者	涂雪靖
總編輯	郭湘齡
責任編輯	張聿雯
文字編輯	徐承義
美術編輯	許菩真
排版	二次方數位設計　翁慧玲
製版	明宏彩色照相製版有限公司
印刷	龍岡數位文化股份有限公司
法律顧問	立勤國際法律事務所　黃沛聲律師
戶名	瑞昇文化事業股份有限公司
劃撥帳號	19598343
地址	新北市中和區景平路464巷2弄1-4號
電話	(02)2945-3191
傳真	(02)2945-3190
網址	www.rising-books.com.tw
Mail	deepblue@rising-books.com.tw
初版日期	2023年1月
定價	350元

ORIGINAL JAPANESE EDITION STAFF

發行人	濱田勝宏
デザイン	遠矢良一（Armchair Travel）
撮影	邑口京一郎
スタイリング	久保百合子
調理アシスタント	増田藍美、大塚康恵
校閲	武 由記子
編集	松原京子
	浅井香織（文化出版局）

國家圖書館出版品預行編目資料

烘焙初心者的天然酵母麵包/池田愛實
作；涂雪靖譯. -- 初版. -- 新北市：瑞昇
文化事業股份有限公司, 2023.01
72面；21x20公分
ISBN 978-986-401-603-7(平裝)

1.CST: 麵包 2.CST: 點心食譜

427.16　　　　　　　　111019647

RAISIN KOBO DE TSUKURU PETIT PAN TO OKASHI
Copyright © Manami Ikeda 2021
All rights reserved.
Original Japanese edition published in Japan by EDUCATIONAL FOUNDATION BUNKA GAKUEN BUNKA PUBLISHING BUREAU.
Traditional Chinese edition copyright ©2023 by Rising Publishing Co., Ltd.
Chinese (in complex character) translation rights arranged with EDUCATIONAL FOUNDATION BUNKA GAKUEN BUNKA PUBLISHING BUREAU through KEIO CULTURAL ENTERPRISE CO., LTD.